MONOGRAPHIE

DU

CHARDONNERET

PAR

NÉRÉE QUÉPAT

PARIS

AUGUSTE GOIN, LIBRAIRE-ÉDITEUR

62, RUE DES ÉCOLES, 62

Près du Musée de Cluny

—

1873

S

MONOGRAPHIE

DU

CHARDONNERET

Tiré à 6oo exemplaires.

CHARDONNERET ORDINAIRE

MONOGRAPHIE

DU

CHARDONNERET

PAR

NÉRÉE QUÉPAT

PARIS

AUGUSTE GOIN, LIBRAIRE-ÉDITEUR

62, RUE DES ÉCOLES, 62

Près du Musée de Cluny

1873

PRÉFACE

Dans tous les traités généraux d'ornithologie publiés en France et à l'étranger, on trouve ordinairement un article de trois ou quatre pages sur le Chardonneret.

Ce charmant oiseau méritait assurément d'être traité avec plus d'égards.

En lui consacrant, le premier, une monographie, j'espère obtenir l'approbation des ornithologistes et être agréable aux personnes qui aiment les oiseaux.

LE CHARDONNERET

FRINGILLA CARDUELIS. — Linné, *Syst. Nat.* (1766), t. I, p. 318.

CARDUELIS. — Brisson, *Ornith.* (1760), t. III, p. 53.

PASSER CARDUELIS. — Pallas, *Zoographia* (1811-1831), t. II, p. 15.

SPINUS CARDUELIS. — Koch, *Baier Zool.* (1816), p. 233.

CARDUELIS ELEGANS. — Stephens, *Gener. Zool. Aves* (1826), p. 30.

ACANTHIS CARDUELIS. — Keyserling et Blasius. Die Wirbelthiere Europas (1840), p. 61 (1).

« Voici le plus bel oiseau d'Europe; comparé même aux plus jolis colibris, il peut soutenir la concurrence. Les plus brillantes couleurs parent·son plumage; le noir,

(1) Le chardonneret se nomme : dans le département des Deux-Sèvres, CARDINAL dans quelques cantons, CHARDONNET à Niort. (*Essai sur l'histoire naturelle des oiseaux du département des Deux-Sèvres*, par le docteur J.-L.-M. Guillemeau; Niort, 1806, in-8º. Voy. p. 78.) — Dans le Gard, CARDOUNIO, et le chardonneret royal, Royalo ou Moûntagnardo. (*Ornithologie du Gard*, par J. Crespon; Montpellier, 1840, in-8º. Voy. p. 264.) — En Picardie il se nomme CADOREU, et en Périgord CARDELINO (*Ornithologie* de Mauduyt; 1784, in-4º. Voy. p. 582.) — Dans divers endroits des Vosges, CHAUDRONNIER. (*Tableau élémentaire d'ornithologie*, ou *Hist. nat. des oiseaux que l'on rencontre communément en France*, par Sébastien Gérardin (de Mirecourt); Paris, 1806, 2 vol. in-8º. Voy. tome I, p. 203.) — En Provence, CARDALINE; au XIVᵉ siècle on se servait du mot CARDONNETTE, que l'on trouve dans *Le Roy Modus*. (E. Blaze, *Le Chasseur aux filets*; 1839, in-8º. Voy. p. 391.) — En Italie, CALDERINO, CALDERELLO; communément CARDELLINO (*Delle Uova e dei nidi degli Uccelli*, dal conte Giuseppe Zinanni Ravennate; in Ve-

le blanc, le jaune, le rouge, distribués avec un goût exquis sur sa tête et sur ses ailes, sur son dos et sur sa queue, font du chardonneret un petit abrégé des merveilles de la nature. Lorsqu'il s'envole du nid, et pendant les trois ou quatre mois qui suivent, vous ne devineriez jamais que ce petit oiseau gris qui voltige sera plus tard coloré comme l'écharpe d'Iris. Il ne prend le rouge, c'est-à-dire le beau rouge, qu'à la chute des feuilles. Au mois d'octobre, cette couleur, déjà fortement indiquée, n'a pas encore acquis l'éclat qu'elle aura plus tard, mais, quoique le rouge brille en novembre sur sa tête élégante, le chardonneret n'est vraiment beau qu'au printemps (1). »

DESCRIPTION (2).

« Toutes les rémiges, à l'exception de la première, tachées de jaune vers le milieu de leur longueur ; les deux

---

nezia, 1737, in-8° ; voy. p. 58), et CARDELLO d'après Olina. (Voy. *Vecelliera overo discorso della natvra e proprieta di diversi Vecelli*, etc.; 1684, in-4°. Voy. p. 10.) — En Sardaigne, CALDERUGIO (*Gli Uccelli di Sardegna*; Sassari, presso Giuseppe Piattoli, in-8°, 1776; voy. p. 209.) — En Norvége le chardonneret s'appelle STILLIDS (*Oversigt af Christiania omegus Ornithologiske Fauna*, af Robert Collett; Christiania, Johan Dahl. 1864, in-8°. Voy. p. 97.) — En Suède, STEGLITS. (*Skandinavisk Fauna*, af S. Nilsson; 1835, 2 vol. in-8°. Voy. tome I, p. 419) — En Allemagne, DISTEL FINCH, STIEGLITZ. (Brehm, *Les Animaux illustrés (Oiseaux)*, in-4°; Paris, J.-B. Baillière. Voy. p. 123.) — Voy. encore *Naumann*, *Thienemann*, etc. — En anglais et en américain, GOLD FINCH. (Voy. *Steph* et *Giraud*, *The Birds of Long Island*; New-York, 1844, in-8°, p. 117; Morris, *A History of British Birds*; 1852, 6 vol. in-8°. Voy. t. II, p. 305) — En espagnol, GILGUERO, SIRGUERITO. (Voy. *Blaze*, déjà nommé.)

(1) E. Blaze, *Le Chasseur aux filets* (1839, in-8°). Voy. p. 390.

(2) J'emprunte cette description très-précise à MM. Degland et Gerbe (*Ornithologie européenne*; Paris, J.-B. Baillière, 1867 ; 2 vol. in-8°; voy. t. I, p. 279-280). Pourquoi ces auteurs n'ont-ils consacré que deux pages à un oiseau aussi intéressant que le chardonneret ? La plupart des ornithologistes, il est vrai, n'en ont pas dit davantage ; mais était-ce une raison pour les imiter ?

Toussenel range le chardonneret dans la classe des *Déodactyles* (*Première*

ou trois rectrices latérales, de chaque côté, tachées de blanc vers leur tiers postérieur; vertex et côtés de la nuque noirs. »

Taille de 0^m15 à 0^m16 environ. Longueur de la queue, 54 millimètres. Bec, 11 millimètres. Hauteur des pattes, 13 millimètres.

Mâle. — « Toute la face rouge cramoisi; vertex avec une plaque noire, prolongée jusqu'à la nuque, s'étendant de chaque côté du cou en forme de demi-collier, et suivie d'une bande transversale blanche; dessus du corps d'un brun roux clair; suscaudales nuancées de blanc et de roussâtre; devant du cou blanc, s'étendant, sur les côtés, jusqu'au noir de la nuque; milieu de la poitrine, abdomen et sous-caudales blancs; le reste des parties inférieures nuancé de fauve; lorums noirs; ailes d'un noir à reflets veloutés, avec une grande bande transversale d'un jaune vif, et la plupart des rémiges terminées de blanc; queue noire, avec les deux ou trois pennes latérales tachées largement de blanc à l'intérieur, et les autres terminées par une tache arrondie de même couleur, qui disparaît au printemps par l'usure des plumes; bec blanchâtre avec la pointe brune; pieds brunâtres; iris brun foncé. »

Femelle. — « Elle n'a pas autant de rouge à la face; le noir de la tête (1) et des ailes est moins intense et mélangé de brunâtre, et les parties inférieures sont nuancées de roux. »

série). Voy. *Le Monde des Oiseaux,* 1866; t. II, p. 176. J'accepte entièrement la classification de Toussenel. Je la considère comme étant la plus rationnelle de toutes celles qui ont été proposées jusqu'à ce jour.

(1) « Jeunes avant la première mue : Point de rouge à la tête; plumage varié de brunâtre et de grisâtre. — Après la mue : Le rouge de la tête paraît, mais il n'a tout son éclat et toute son étendue qu'à la deuxième année. »

Ce dernier passage n'est pas suffisamment clair, et je demande la permission d'y ajouter quelques observations. Chez les adultes, le mâle et la femelle paraissent presque semblables au premier coup d'œil, néanmoins il est facile de les distinguer l'un de l'autre; mais pour cela il est dangereux de se fier surtout à la coloration de la face et de la tête, comme le font MM. Degland et Gerbe, attendu que parmi les vieux chardonnerets les femelles ont le tour du bec presque aussi rouge et le dessus de la tête souvent aussi noir que les mâles.

CARACTÈRES DISTINCTIFS

DU MALE ET DE LA FEMELLE.

Pour discerner avec certitude les deux sexes, il faut regarder le *haut* (1) de l'aile, que l'on découvre entièrement en passant le doigt en dessous et en l'écartant un peu du corps de l'oiseau.

Chez les mâles, le haut de l'aile est d'un beau noir lustré, tandis que chez les femelles il est gris terne ou d'un noir grisâtre, suivant les individus (2). Les mâles ont aussi les deux plaques rouges de la poitrine d'une coloration plus vive; j'ajouterai qu'ils sont encore un petit peu plus gros que les femelles, mais cette différence est parfois, je l'avoue, assez difficile à apprécier.

---

(1) Cette méthode est celle des oiseleurs des environs de Metz, et c'est sans contredit la meilleure et la plus commode; avec elle au moins, même une personne inexpérimentée est certaine de ne pas se laisser tromper en achetant des chardonnerets.

(2) Il y a des femelles qui ont le haut de l'aile d'un noir verdâtre.

VARIÉTÉS ACCIDENTELLES.

Buffon (1) compte huit variétés de chardonnerets :

1° Le chardonneret à sourcils et front blancs (2);

2° Le chardonneret à tête rayée de rouge et de jaune;

3° Le chardonneret à capuchon noir (3);

4° Le chardonneret blanchâtre;

5° Le chardonneret blanc (4);

6° Le chardonneret noir (5);

(1) *Hist. nat.* (*Oiseaux*). Voy. article CHARDONNERET.

(2) « Le plumage du chardonneret est sujet à de nombreuses variations. On trouve des individus entièrement blancs ou couleur isabelle; d'autres n'ont que la tête blanche : il en est qui l'ont noire ou marquée de raies oblongues; enfin il en existe dont la gorge est blanche... La captivité apporte souvent des changements dans le plumage du chardonneret. Il n'est pas rare d'en rencontrer chez lesquels le rouge passe à l'orange, ou au jaune, et d'autres qui sont complétement noirs. » (*Ornithologie européenne*, par Degland et Gerbe, t. I, p. 280.)

(3) « Parmi les variétés que nous possédons (au Musée, sans doute ?) on remarquera quelques robes pâles ou isabelles, plus ou moins ornées de rouge, et deux cas de *mélanisme partiel* où ces teintes rouges sont remplacées par du noir profond. » (*Richesses ornithologiques du midi de la France, ou Description méthodique de tous les oiseaux observés en Provence et dans les départements circonvoisins*, par MM. J.-B. Jaubert et Barthélemy Lapommeraye; 1 vol. grand in-4°, avec planches coloriées; Paris, Victor Masson, 1862. Voy p. 140.)

(4) « Il existe dans notre collection ornithologique un individu tué près de Grenoble, entièrement blanc à l'exception de la tête, qui est rouge, et d'une partie des ailes qui est jaune. » (*Ornithologie du Dauphiné*, par Hippolyte Bouteille; Grenoble, 1843, 2 vol. petit in-4°. Voyez à l'article CHARDONNERET, p. 359.)

(5) « Nous avons vu chez un de nos amis un chardonneret qu'il nourrissait en cage depuis vingt ans. Comme cet oiseau avait été pris par des oiseleurs, notre ami ignorait quel pouvait être son âge au moment où il l'acheta, néanmoins on le soupçonna être un jeune de l'année. La domesticité et la vieillesse avaient tellement influé sur la couleur de son plumage que *toutes les parties ordinairement rouges* étaient devenues d'un *noir profond*, et que celles qui étaient jaunes dans sa jeunesse avaient pris une teinte blanche. Enfin il termina sa carrière, qui doit paraître d'une durée extraordinaire, après une année de cécité. » (*Tableau élémentaire d'ornithologie, ou Histoire*

7° Le chardonneret à tête orangée ;

8° Le chardonneret métis.

Il est heureux que je sois venu confirmer par des preuves authentiques cette énumération de Buffon ; cette fois, ce naturaliste (une fois n'est pas coutume) n'est pas tombé dans l'erreur. C'est avec intention que je m'exprime de la sorte, car, en général, comme l'ont fort justement fait remarquer tant d'ornithologistes, entre autres *Toussenel* (1), *E. Blaze* (2), comme je l'ai démontré moi-même surabondamment (3), il est prudent, il est même nécessaire de ne pas croire *Buffon* sur parole en matière d'ornithologie, et de n'accepter la plupart de ses assertions qu'après les avoir soigneusement vérifiées.

Les omissions, les fautes, les erreurs de tous genres pullulent dans l'ornithologie de *Buffon ;* toute personne qui connaît bien les oiseaux sera de mon avis après avoir lu soigneusement cette partie de son *Histoire naturelle,* surtout si elle veut se donner la peine de comparer l'ouvrage de Buffon avec ceux si remarquables des ornithologistes allemands modernes, tels que *Bechstein, Brehm, Thienemann, Naumann,* les frères *Muller,* etc., etc. Presque tous les bons (4) articles de l'ornithologie de *Buffon* (et on ne les compte pas à la douzaine) sont dus à son collaborateur Guéneau de Montbeillard ; quant à ceux qui lui appartiennent en propre, ce qu'ils renferment d'exact et d'intéressant est tiré des anciens auteurs, tels

---

nat. des oiseaux que l'on rencontre communément en France, par Sébastien Gérardin (de Mirecourt) ; Paris, 1806, 2 vol. in-8°. Voy. tome I, p. 204-205.)

(1) Voy. Toussenel, *Le Monde des Oiseaux* (Paris, 1866, 3 vol. in-8°), *passim.*

(2) *Le Chasseur aux filets* (1839, in-8°). Voy. passim, et, notamment, pages 211, 236, 329.

(3) *Le Chasseur d'alouettes au miroir et au fusil* (Paris, A. Goin, 1871 in-18). Voy. p. 45, 46, 47.

(4) Parmi eux citons l'article consacré à la *Sitelle.*

que *Belon, Aldrovande, Olina, Albin, Rzaczinski, Willughby*, etc., ou lui a été fourni par des ornithologistes de son temps, tels que *Salerne* (pour l'Orléanais), *Lottinger* (pour la Lorraine), etc.

Un naturaliste du siècle dernier, Salerne, laissant de côté toutes ces variétés complaisamment énumérées par Buffon, et dont en réalité on rencontre fort rarement des spécimens, soit en captivité, soit à l'état sauvage, ne reconnaît que quatre sortes de chardonnerets.

« Nos oiseleurs orléanais, dit-il (1), distinguent quatre sortes de chardonnerets, savoir : 1° le quatrain, qui n'a que quatre plumes blanches à la queue; 2° le sizain (2), qui en a six, et qui, étant le plus gros de tous, est le seul (3) propre à apparier avec une serine; 3° le vert-pré, qui a du vert (4) au gros de l'aile; 4° le chardonneret charbonnier (5), qui a la barbe noire : c'est le plus petit de tous. Il a le corps plus gris, mais c'est le plus plein de chant. »

Tous ces oiseaux, du reste, sont frères la plupart du temps, car, comme le fait justement remarquer Salerne, « ils se trouvent dans le même nid », observation confir-

(1) *L'Histoire naturelle éclaircie dans une de ses parties principales : l'ornithologie*, etc., par M. Salerne. Paris, Debure, 1767, in-4°. Voy. p. 276.

(2) C'est de cette variété qu'on nomme en Lorraine, et dans la plupart des provinces de France, chardonneret *royal*, dont Salerne parle ici. A la page suivante je donne d'ailleurs de nombreux renseignements à ce sujet.

(3) Salerne commet une erreur en affirmant que le sizain peut seul apparier convenablement avec une serine : on le choisit de préférence à cause de sa beauté, de sa supériorité sur ses congénères, voilà tout.

(4) Les chardonnerets que Salerne nomme *Vert-Pré* sont assez rares; cependant j'en ai attrapé plusieurs au filet près de Metz (à *Woippy*). J'ai conservé pendant deux ans un individu de cette variété, qui était un excellent appelant et qui, au besoin même, consentait de très-bonne grâce à me servir de mouvant : il était docile et se laissait sans difficulté revêtir du corselet et attacher à la vergette.

(5) J'ai pris également quelques individus de cette variété.

mée par Bechstein (1), qui nous apprend qu'on a trouvé dans un même nid des chardonnerets à poitrine jaune, à tête blanche et à tête noire.

Ce qui précède concerne plutôt les naturalistes que le vulgaire. La plupart des oiseleurs, des tendeurs, ne connaissent pas les variétés que je viens d'énumérer ; mais, en revanche, parmi les chardonnerets indigènes, ils reconnaissent deux variétés distinctes. « Ils prétendent, dit M. Bailly (2), que les individus marqués d'une large tache blanche presque ovoïde sur les barbes intérieures des trois pennes de chaque côté de la queue, et qu'ils désignent par le nom de *royal*, sont les meilleurs chanteurs; mais cette distinction, ajoute M. Bailly, n'est pas fondée, car très-souvent le même sujet qui avait en été six rectrices tachées de blanc n'en a plus que quatre, et quelquefois deux, après la mue; le même changement s'opère chez les femelles. »

M. Bailly n'admet donc pas que le chardonneret nommé *Royal* par les oiseleurs de la Savoie représente une variété distincte du chardonneret ordinaire, qui, lui, n'a que *quatre* pennes de la queue (au lieu de *six*) marquées d'une large tache blanche ovoïdale.

Ici, comme dans bien des cas, la théorie est en opposition avec la pratique. D'un côté, nous voyons la plupart des ornithologistes, à savoir MM. *Crespon* (3), *Mouton-Fontenille* (4), les *frères Muller* (5), *Bech-*

(1) *Manuel de l'amateur des oiseaux de volière.* Paris, A. Goin, in-12. Voy. p. 276.

(2) *Ornithologie de la Savoie*, par J.-B. Bailly. Paris, Clarey, 1853, 3 vol. in-8°. Voyez tome III, p. 103.

(3) *Ornithologie du Gard et des pays circonvoisins,* par J. Crespon. Nîmes, 1840, in-8. Voy. p. 264.

(4) *Traité élémentaire d'ornithologie.* Lyon, 1811, 2 vol. in-8°. Voy. t. II, p. 421.

(5) *Les Oiseaux chanteurs des bois et des plaines.* Paris, 1870, in-8°. Voy. p. 164.

stein (1), etc., nier, comme M. Bailly, la réalité de cette distinction. D'autre part, nous voyons les oiseleurs du Gard, de la Savoie, de la Bourgogne, du Dauphiné, de l'Anjou, de l'Orléanais, du Nord, de la Lorraine, affirmer que cette distinction est légitime et que les différences de plumage que je viens d'indiquer sont suffisantes pour l'établir à juste titre. Pour moi, je le déclare, je me range du côté des oiseleurs et j'admets parfaitement cette distinction, ainsi que Salerne et E. Blaze (2), l'un des meilleurs observateurs de notre époque. Je crois que le chardonneret *Royal* forme une variété à part, je crois qu'il s'apparie souvent (3) avec des individus de son espèce et transmet à ses petits les caractères et qualités qui le distinguent des autres chardonnerets. D'ailleurs ce n'est pas seulement par la queue qu'il diffère; il est un peu plus gros et plus élancé que le chardonneret ordinaire, il a le bec plus allongé, plus effilé, ses couleurs sont beaucoup plus vives, surtout celles de la poitrine et de la tête, il chante avec plus de force et d'entrain, et, en outre, il niche fréquemment dans les grosses haies ou buissons d'épines (4) noires, ce qui arrive très-rarement au chardonneret ordinaire, qui préfère les arbres fruitiers. J'ajouterai qu'il n'est pas commun. Depuis tantôt dix ans que je tends au filet, il ne m'est guère arrivé d'en trouver plus de cinq ou six sur cinquante chardonnerets; — je donne ce chiffre comme moyenne.

(1) *Manuel de l'amateur des oiseaux de volière*, in-12. Voy. p. 276.

(2) Voy. *Le Chasseur aux filets* (déjà cité), p. 391.

(3) Je ne dis pas toujours, remarquez-le, car un mâle *royal* peut fort bien, tout en s'accouplant avec une femelle ordinaire, donner le jour à des petits qui lui ressembleront entièrement. Cela n'a rien d'extraordinaire, car, chez les oiseaux, les qualités du mâle se retrouvent fréquemment chez ses petits, malgré l'infériorité de la femelle. Tous les amateurs d'oiseaux peuvent vérifier l'exactitude de ce que j'avance.

(4) Un de nos anciens ornithologistes, *Belon*, a fait également cette re-

Afin d'épuiser cette question délicate et si controversée, je vais maintenant examiner la valeur des arguments invoqués par les ornithologistes qui n'admettent pas que le chardonneret dit *Royal* forme une variété distincte.

« Cette distinction, dit M. Bailly (1), n'est pas fondée, car très-souvent le même sujet qui avait en été six rectrices tachées de blanc n'en a plus que quatre, et quelquefois deux, après la mue. »

Est-ce que par hasard M. Bailly s'imaginerait que les oiseaux n'ont pas, après la mue, la même nature qu'auparavant? Il est certain qu'immédiatement après la mue, les oiseaux ne possèdent point toutes leurs plumes, soit aux ailes, soit à la queue; mais plus tard ces plumes repoussent intégralement et, quelques mois après la mue, on retrouve sur un oiseau les mêmes plumes qu'auparavant et en nombre égal, hormis, cela va de soi, le cas de maladie : car les oiseaux sont victimes, eux aussi, de maladies qui les dépouillent de leurs plumes, de même que les hommes perdent leurs cheveux.

On le voit, l'argument mis en avant par M. Bailly ne résiste pas à l'examen.

M. Mouton-Fontenille (2) professe une opinion différente. « On peut présumer, dit-il avec raison, que le nombre des pennes blanches de la queue tient à l'âge des individus, et que les vieux en ont souvent cinq, six et même huit (3), comme on peut s'en convaincre en examinant la queue de ces oiseaux. »

marque. Voy. *L'Histoire de la nature des oyseaux, avec leurs descriptions et portraicts* (Paris, 1555, in-folio), p. 353.

(1) *Ornithologie de la Savoie.* Voy. t. III, p. 103.

(2) *Traité élémentaire d'ornithologie.* Lyon, 1811, in-8°, 2 vol. Voy. t. II, p. 431.

(3) Parmi les chardonnerets appartenant à la variété dite *royale*, on trouve quelquefois, il est vrai, des individus ayant huit pennes de la queue tachées

Cette assertion prouve tout bonnement que M. Mouton-Fontenille est un naturaliste... de cabinet. S'il a vu des chardonnerets ayant à six plumes de la queue de larges taches blanches, ces chardonnerets étaient tout simplement des individus appartenant à la variété nommée *Royale*, qu'il a pris naïvement pour des chardonnerets ordinaires. En vieillissant, les chardonnerets perdent l'éclat de leur plumage, ainsi que bien d'autres avantages ; mais la vieillesse n'a pas le don de leur faire pousser de nouvelles plumes ni à la queue, ni même ailleurs, comme semble le croire le naïf M. Mouton-Fontenille. J'ai pris au nid des chardonnerets que j'ai reconnus plus tard, à l'inspection de leur plumage, appartenir à la variété royale : or, à *deux ans* et même à *un an et demi*, les mâles avaient six pennes de la queue tachées de larges taches blanches ovoïdales, ce qui prouve que le nombre des pennes tachetées de blanc ne dépend en aucune façon de l'âge du sujet, comme paraît le présumer l'honorable et excellent M. Mouton-Fontenille, qui (entre nous soit dit) doit être un de ces moutons (pardon, un de ces hommes) destinés dès leur naissance à se laisser tondre la laine sur le dos.

DISTRIBUTION GÉOGRAPHIQUE.

L'aire de dispersion du chardonneret est plus étendue que celle de la plupart des autres oiseaux ; on trouve le chardonneret en *Suède* (1), en *Norvége* (2), en *Rus-*

de blanc, mais dans ce cas la *septième* et la *huitième* ont une tache beaucoup moins grande que les six autres et, en outre, le blanc est moins pur.

(1) *Skandinavisk Fauna*, af S. Nilsson, 1835. Voy. t. I. p. 119.

(2) *Oversigt af Christiania omegns ornithologiske Fauna*, af Robert Collett. 1864, in-8. Voy. p. 97.

sie (1), en *Sibérie*, en *Angleterre*, en *Irlande* (2), en *Belgique* (3), en *Hollande* (4), en *Allemagne* (5), en *France* (6), en *Suisse* (7), en *Italie* (8), en *Sardaigne* (9), en *Sicile* (10), en *Espagne* (11), surtout en *Andalousie* et en *Castille*, en *Algérie* (12), en *Égypte* (13), dans l'*Amérique* du Nord (14) et à *Cuba*.

(1) *Kurze Beschreibung der Vogel Liv-und Esthlands*, von Dr. Bernhard Meyer. 1815, 1 vol. in-8. Voy. p. 87.

(2) *A Natural history of Birds*, etc... par Éléazar Albin, 3 vol. in-4º. London, 1738-1740. Voy. tome I, p. 61. — *A General Synopsis of Birds*, par Latham. London, 1783, in-4º. Voy. t. II, p. 281. Et surtout : *A History of British Birds*, by the Rev. F. O. Morris. 1852, 6 vol. in-8º. Voy. t. II, p. 305-310.

(3) *Planches coloriées des oiseaux de la Belgique et de leurs œufs*, par Ch. F. Dubois. Bruxelles, Muquardt, 1854-60, 3 vol. in-8º. Voy. t. II, p. 129.

(4) Au dire de *G.-J. Temminck*, il ne serait que de *passage* en Hollande. Voy. *Manuel d'ornithologie*, 1820-35, 3 vol. in-8º. t. I, p. 376 à 378.

(5) *Systematische Darstellung der Fortpflanzung der Vogel Europa's*, etc., par Ludwig Brehm et Wilhelm Thienemann. Leipzig, 1838, 1 vol. in-4º. Voy. p. 49, 1re partie. — Voy. encore les ouvrages de *Bechstein, Naumann*, etc., etc...

(6) Voy. tous les ouvrages cités précédemment : *Crespon, Bouteille, Bailly, Roux, Guillemeau*, etc., etc.

(7) Voy. le magnifique ouvrage de *Tschudi*.

(8) *Delle Cova e dei nidi degli Ucceli*, del conte Giuseppe Zinanni in Venezia, 1737. Voy. p. 58. — *Vecelliera ovеro discorso della natrra e proprieta di diversi Vecelli*, par P. Olina. Roma, 1684. Voy. p. 10. — *Ornitologia Toscana*, par P. Savi. Pise, 1829, 2 vol, in-8º. Voy. t. II, p. 117.

(9) *Gli Uccelli di Sardegna*. Sassari, 1776, presso Giuseppe Piattoli stampatore, 1 vol. in-8º. Voy. p. 200.

(10) *Faune ornithologique de la Sicile*, par Alfred Malherbe. Metz, 1843, in-8º. Voy p. 127. « Ce joli oiseau est commun en Sicile. »

(11) Brehm. *Les Animaux illustrés. (Oiseaux)*. Paris, J.-B. Baillière, in-4º. Voy. à l'article Chardonneret. — Voy. encore : *Catalogo de las aves observadas en algunas provincias de Andalucia*, par Ant. Machado. Sevilla, 1854, in-8º de 26 p.

(12) Principalement pendant l'hiver.

(13) *A Handbook to the Birds of Egypt*, by E. Shelley. London, 1872, in-8º. « Abundant in the Delta in winter, but I am not aware of its having been met with south of Cairo. I shot a specimen out of some large flocks that I fell in with near Damietta in March. » (P. 152.) Ce qui veut dire : Le chardonneret abonde dans le Delta en hiver, mais je ne saurais dire si on l'a rencontré au sud du *Caire*. J'en ai tué un spécimen dans une des nombreuses bandes que je vis près de *Damiette*, au mois de mars. »

(14) Dans l'Amérique du Nord, au *Canada*, et à *Cuba*, il existe une espèce de chardonneret qui diffère un peu de la nôtre. Voy. à ce sujet *A Manual of the ornithology of the United States and of Canada*, by Thomas Nuttall (Cambridge, 1832, in-8º. p. 511. — Wils., *Amer. Orn. II*.) pl. 17, fig. 1, p. 133.

HABITAT.

Le chardonneret se rencontre donc dans toutes ces contrées, mais il n'est pas partout également abondant ; on
peut même dire que dans bien des pays son habitat est
assez limité.

En France, le chardonneret se plaît surtout dans les
localités plantées d'arbres fruitiers et à proximité des cultures maraîchères, car cet oiseau aime particulièrement
les graines de salades, de chicorées, de scorsonères, de
raves, de chanvre. Aux environs de Metz (Lorraine), où
les vergers et les potagers sont si nombreux, le chardonneret est très-commun. Il aime aussi les endroits boisés
auprès desquels se trouvent des chènevières.

Maintenant, en dehors de cet habitat qu'il préfère à
tous les autres, on rencontre le chardonneret dans les
localités les plus dissemblables comme sol, arbres, culture, plantes, altitude (1), température. Soyez certains
cependant que partout où vous trouverez beaucoup de
chardonnerets, il y a des chènevières, des cultures potagères ou bien une grande quantité de chardons et de chicorée sauvage.

Pendant mes voyages en France, voici les endroits où
j'ai vu le plus de chardonnerets :

Lorraine. — Aux environs de Metz, principalement
sur les communes de Devant-les-Ponts, Montigny, Le

— Voy. encore le magnifique ouvrage d'Audubon. — *L'Ornithologie du Canada* (Québec, 1860-61, 2 parties in-12), par J. M. Le Moyne, et *l'Ornithologie
de Cuba*, par Alcide d'Orbigny. Paris, Arthus Bertrand, 1839, in-8°, p. 105.

(1) Le chardonneret ne s'élève pas bien haut dans les montagnes, il s'arrête ordinairement là où la culture cesse.

Sablon, Vallières, Woippy, Lorry-lez-Metz, Plappeville, Saulny, Norroy-le-Veneur, Smécourt, Fèves, Marange, etc... Aux environs de Nancy les chardonnerets sont bien moins communs.

Vosges. — A Plombières, au Val d'Ajol, à Xertigny.

Ardennes. — Auprès de Charleville, entre Bel-Air et Montcy; au Clos-Berteau (commune de Léchelle), à Rouveroi; à Rocroy; dans cette petite ville, ils nichent sur les arbres qui garnissent les fortifications et se nourrissent, principalement en automne, des graines qu'ils trouvent dans les jardins potagers situés au sud de la ville.

Bourgogne. — A Montbelley et à Saint-Oyen.

Forez. — A Saint-Germain-Laval (entre Roanne et Montbrison.

Dauphiné. — Aux environs de Grenoble. Assez nombreux à Uriage-les-Bains.

Suisse. — J'ai vu quelques chardonnerets à Interlaken, à Lucerne, et entre Genève et Saint-Gervais-les-Bains.

Savoie. — Aix-les-Bains, Annecy.

Allier. — Très-commun, en certaines années, à Vichy-les-Bains. En mai (1873), notamment, j'en ai observé au moins quinze couples rien que sur la promenade qui est devant le Casino; ils avaient établi leurs nids dans les marronniers et les hêtres.

Vendée. — Aux environs de Nantes, entre cette ville et Clisson-le-Château.

Seine. — Aux alentours de Paris, malgré le grand nombre des cultures maraîchères, le chardonneret est peu répandu. Chose singulière! je n'en ai presque pas vu même dans les endroits plantés d'arbres fruitiers et à proximité des cultures potagères, tels que Fontenay-aux-

Roses, Bagneux, Sceaux (1). J'avoue que je ne m'explique pas du tout pourquoi, malgré tous ces avantages, le chardonneret est aussi rare dans ces localités. On en voit davantage du côté de Chennevières-sur-Marne.

NIDIFICATION. — REPRODUCTION.

En France, le chardonneret s'apparie en mars et commence à construire son nid vers la fin d'avril, souvent aussi beaucoup plus tôt. C'est un des plus habiles constructeurs de la gent ailée ; il est à la fois architecte, maçon et tisserand ; son nid est une petite merveille et peut se comparer, comme fini d'exécution, à celui du pinson. Il est formé extérieurement de mousse, de lichens, de petites racines de toutes sortes, de brins d'herbe sèche, de coton végétal ; tous ces matériaux sont admirablement reliés, entrelacés, soudés les uns aux autres ; il va sans dire que leur quantité, que leur proportion varie beaucoup, suivant les localités (2). A l'intérieur, il est tapissé d'une couche de duvet végétal entremêlée de fils, de crins,

(1) Si maintenant je me transporte de l'autre côté de Paris, vers la Normandie, je dois dire que dans tout le territoire de la petite commune d'Achères (Seine-et-Oise), dont la faune est cependant si riche et si variée, jamais je n'ai vu un chardonneret En revanche on y trouve en grand nombre : pinsons, fauvettes de toutes espèces, linots, verdiers, alouettes, pipis des arbres, huppes, mésanges, pies, etc., mais pas le moindre chardonneret, je le répète. Je ne m'explique pas davantage pourquoi le chardonneret manque dans cette localité où il y a cependant tant de propriétés si admirablement plantées et cultivées, comme celle (pour n'en citer qu'une) de M. Adrien Paquet.

(2) « Son nid, dit *Toussenel*, qu'il construit de duvet végétal, de crin, de laine et de mousse, est plus mignon, plus joli, plus petit et plus délicatement ouvré que celui du pinson lui-même qui sous d'autres rapports peut lui être supérieur. Il le fait en trois jours et sait tirer parti pour sa construction de toutes les substances soyeuses et cotonneuses qu'offrent le règne végétal et le règne animal. Aussi n'est-il pas rare de voir des chardonnerets défaire leur bâtisse de fond en comble, lorsqu'ils viennent à trouver au milieu de

de soies de porc, de poils de lapin, de chien ou d'autres animaux (1).

Les frères Muller (2) prétendent que le mâle ne travaille pas, de concert avec la femelle, à la construction du nid : j'ai été souvent témoin du contraire; cependant, je conviens que ce n'est qu'exceptionnellement que le mâle aide la femelle; ordinairement, pendant que celle-ci travaille sans relâche, il la surveille et l'encourage en chantant sur la plus haute branche de l'arbre voisin. Puisque la femelle ne se formalise pas de la manière d'être de son cher époux, nous aurions mauvaise grâce à l'accuser de paresse.

Durant les premiers jours de mai, la femelle pond quatre à cinq œufs d'un bleu verdâtre, légèrement teintés de blanc et parsemés de petits points gris violet disposés en couronne vers le gros bout; leur longueur est, en moyenne, de 16 ou 16 millimètres et demi, et leur largeur diamétrale de 12 et demi à 13 millimètres; leur coquille est assez mince.

leur besogne des matériaux plus précieux que ceux qu'ils avaient employés dans le principe. C'est ainsi qu'on a vu une paire de chardonnerets changer de matelas trois fois dans l'espace de trois jours, au gré du propriétaire d'un jardin où ils avaient établi leur domicile. Le premier jour on leur offrit de la laine : ils s'empressèrent de composer leur matelas de cette étoffe. Le second jour, on mit à leur portée de la ouate de coton; ils jetèrent dehors la laine et la remplacèrent par la substance végétale. Le troisième jour on leur proposa du fin duvet qu'ils acceptèrent encore : mais ils s'en tinrent là finalement, s'apercevant que leur bâtisse commençait à prendre des dimensions exagérées par suite de ces remaniements. Je me suis assuré par des expériences personnelles que les chardonnerets en quête de matériaux de construction acceptaient le poil de lapin, avec non moins de reconnaissance que le coton. J'ai vu une fois dans le même jardin potager onze nids de chardonnerets dont tous les matelas étaient faits de ces houppes soyeuses qui ornementent les graines de salsifis. » *Le Monde des Oiseaux*, 1866, in-8°. Voy. t. II, p. 181.

(1) Nidificat carduelis in qualibet arbore, sed in cupressis libentius ac pinis. Nidum e crinibus subtilibusque herbarum frustulis contexit, in cujus cavitate nonnulla florum filamenta, carduorum præcipue solet substernere. Ova quæ gignit quatuor sunt juxta consuetum. » *Agri Romani. Historia naturalis, tres in partes divisa et a Philippo Aloysio Gilij concinnata.* Romæ, in-8°, 1781. Voy. p. 134.

(2) *Les Oiseaux chanteurs,* etc. 1870, in-8°. Voy. p. 168.

La durée de l'incubation est de 14 ou 15 jours, et, en général, le 16e ou le 17e tous les petits sont hors de leur coquille. La femelle couve pendant tout ce temps avec beaucoup de soin et d'assiduité ; elle se dérange à peine pour prendre sa nourriture, car très-souvent le mâle lui apporte sa pitance qu'il lui donne sur le bord du nid par voie de dégorgement.

Les chardonnerets nichent tantôt en pleine campagne, tantôt auprès des habitations et même dans les jardins publics (1).

Dans les vergers, ils bâtissent leur nid de préférence sur les pruniers (2) et pommiers, rarement sur les cerisiers ; ils affectionnent aussi le sapin lord Weymouth, ainsi que les mélèzes, le hêtre et l'orme ; dans les jardins publics, ils construisent presque toujours sur les marronniers ou les tilleuls.

Ce nid est ordinairement placé dans une enfourchure assez exiguë et bien caché par les feuilles et les branchettes ; il est rarement à plus de 9 ou 10 mètres du sol. En outre, la couleur des matériaux (surtout de la mousse) employés à sa construction concorde généralement avec celle de l'arbre, de sorte qu'il n'est pas toujours très-facile de le découvrir : c'est fort heureux, car les petits dénicheurs ont une prédilection toute particulière pour les nids de chardonnerets.

M. Bailly a parfaitement observé comment les parents

---

(1) En 1872, un couple de chardonnerets a niché au Jardin des plantes ; je l'ai observé tout l'été. Il se tenait principalement dans le carré qui se trouve à droite de la fosse aux ours en regardant la Bastille. Il est très-rare de voir des chardonnerets au centre de Paris, aussi ai-je cru nécessaire de signaler ce fait. J'ajouterai que ces oiseaux se gorgeaient du matin au soir (en août et septembre) des graines potagères cultivées à titre de spécimen dans la partie du jardin contiguë à la grande allée qui longe la rue de Buffon.

(2) Mauduyt (voy. *Ornithologie*, 1784, in-4°, p. 582) a constaté également cette préférence du chardonneret pour le prunier.

nourrissent leurs petits. « Le père et la mère les nourrissent, dit-il, avec des graines de mouron, de panic, de
plantain, de seneçon et de graminées qu'ils laissent ré-
duire préalablement en pâtée dans leur estomac. Pendant
que cette substance se forme, ils ont soin d'aller l'hu-
mecter de temps à autre en buvant sur le bord d'une
source ou d'un fossé, puis, revenus au nid, ils la dégor-
gent dans le bec de leurs petits (1). » J'ajouterai qu'à ces
plantes ils joignent aussi des larves, des petits vers et divers insectes.

Au bout d'une dizaine de jours, quand le temps est
beau, les petits quittent le nid et commencent à prendre
leurs ébats sous la haute surveillance de leurs parents,
qui ne les quittent que lorsqu'ils sont absolument en état
de se nourrir eux-mêmes.

Comme tous les oiseaux essentiellement granivores,
les chardonnerets ont longtemps besoin du secours de
leurs parents, attendu qu'il est nécessaire que leur bec
ait acquis une certaine dureté et un développement suffi-
sant pour qu'ils puissent entamer et décortiquer adroitement les graines dont ils se nourrissent ; joignez à cela
que les graines sont moins digestibles que les insectes et
demandent un estomac plus robuste, par conséquent plus
âgé.

Quand les chardonnerets ne font que deux couvées par
an (parfois ils en font trois) (2), cela tient, selon moi, à ce
qu'ils ont été retenus longtemps par les soins à donner à
leur progéniture.

(1) *Ornithologie de la Savoie*, 1853, 3 vol. in-8°, t. III, p. 108.
(2) Les auteurs ne s'accordent pas sur le nombre des couvées du chardonneret. En Allemagne, il paraît n'en faire que deux ; en Lorraine il en fait quelquefois trois ainsi que dans le centre et le midi de la France. (Voy. les ouvrages
cités précédemment.) La première ponte a lieu au commencement de mai, la
seconde vers le 20 juin et la troisième (quand elle a lieu) vers la fin de juillet.

D'ailleurs, rendons-lui cette justice, peu d'oiseaux aiment autant leurs petits que le chardonneret (1); il ne les abandonne que lorsqu'ils sont élevés. Enlevez du nid des jeunes chardonnerets, mettez-les dans une cage (2) suspendue à une branche de l'arbre, vous verrez le père et la mère leur donner la becquée jusqu'au moment où ils seront en mesure de manger tout seuls, comme de grands garçons ; c'est alors seulement que le père et la mère songeront à créer une nouvelle famille.

Les jeunes chardonnerets (3) portent une livrée grise mouchetée, qui, à ne se fier qu'aux apparences, ne laisse pas soupçonner le costume éclatant qu'ils doivent revêtir plus tard.

CRI D'APPEL.

Leur cri d'appel est une sorte de piaulement traînard assez mal timbré, mais qui s'entend néanmoins de loin ; ils le font entendre continuellement, et certes nous ne consentirons jamais à les en complimenter. Un peu moins de babil ferait bien mieux l'affaire des voisins.

Ce cri contient du reste tous les éléments du cri d'appel

(1) *Sonnini* dans le t. XLVIII de son édition de *Buffon*, rapporte à ce sujet un fait curieux arrivé en 1787 aux environs de Nancy. Dans une affreuse tempête, une femelle de chardonneret ne quitta son nid que lorsqu'il eut été entièrement démoli par l'orage. M. H. Bouteille a soin de rappeler ce fait dans son *Ornithologie du Dauphiné*.

(2) Un ornithologiste Italien du XVIIIe siècle s'exprime ainsi à ce propos : « Nidum ex arbore in qua a carduele fuit structum natis jam pullis, abripiatur una cum illis ac deinde in cavea aliqua ponatur. Collocetur deinceps cavea in alia arbore. Carduelis hoc in casu, quamvis vitæ periculum agnoscat, cibum tamen filiolis suis quotidie defert. » *Agri Romani Historia naturalis, a Philippo Aloysio Gilij concinnata.* Romæ, 1781, in-8°. Voy. p. 134.

(3) « En Savoie on donne aux jeunes de l'année le nom de *Vardan* » *Ornithologie de la Savoie*, p. 104.

du chardonneret adulte, seulement il est beaucoup plus lent, mal timbré, je l'ai dit, et moins sec.

On peut le rendre par : *Ti pit pit, ti pit, pit, pit, ti pit, pit, ti pit...*

Divers auteurs le reproduisent ainsi :

> *Bȝibiȝ, biȝibiȝ, biȝibibibi* (1),
> *Ziflit* (2), *Ziflit...,* etc...
> *Bȝibiȝ, bȝibiȝ* (3).

Le chardonneret occupe un rang distingué parmi les musiciens ailés. Son chant cependant est plutôt remarquable par son originalité, sa vivacité, que par sa variété et son éclat.

CHANT.

Cet oiseau chante surtout avec un grand entrain une admirable gentillesse. Perché au sommet d'un arbre ou à l'extrémité d'une branche, le corps frétillant, le cou légèrement tendu, il lance ses trilles et ses gammes aussi joliment que le plus aimable ténor d'opéra-comique.

C'est au commencement de mai qu'il commence à donner ses concerts; une fois qu'il est devenu père de famille, il est très-occupé et n'a plus le temps de cultiver la musique. Il continue néanmoins à chanter par intermittence jusqu'à la mi-juillet environ, quand madame la chardonnerette a consenti à faire une seconde ponte.

Le chant du chardonneret, dont quelques notes rappellent vaguement certains passages du chant du serin, et

(1) *Ornithologie de la Savoie*, t. III, p. 109.
(2) *Skandinavisk Fauna*, af S. Nilsson, t. I, p. 420.
(3) *Ornithologie du Gard*, par J. Crespon. 1840, in-8° Voy. p. 261.

même du roitelet, est si bizarre qu'il est bien difficile, pour ne pas dire impossible, de le rendre au moyen d'une onomatopée.

Les ornithologistes allemands ont bien à tort, selon moi, la prétention de noter le chant des oiseaux avec des voyelles et des consonnes (1).

Le chardonneret chante aussi bien en cage qu'en liberté. Captif, il chante même durant presque toute l'année, afin sans doute de s'étourdir et de faire diversion aux ennuis de la prison.

Sous ce rapport, les oiseaux sont infiniment supérieurs aux hommes. Ils prennent leur parti en braves et font, contre mauvaise fortune, bon cœur. Au lieu de prendre une mine renfrognée, comme les prisonniers, au lieu de ne songer qu'à s'enfuir, les oiseaux qui sont le plus ordinairement condamnés à la réclusion perpétuelle chantent, mangent, boivent et dorment sans soucis, sans trop de regrets, sans arrière-pensée, sans comploter la mort de leurs juges ou geôliers.

Beaucoup d'entre eux refusent même de partir quand par mégarde on laisse ouverte la porte de leur cage.

Ouvrez donc à deux battants les portes de Mazas, de la Roquette, de Sainte-Pélagie, et vous verrez si les citoyens prisonniers hésiteront un seul instant à s'élancer dehors !

Ouvrez donc à deux battants les portes de Saint-Lazare, et vous verrez si les citoyennes détenues hésiteront une seule minute à regagner les hauteurs du quartier Breda !

Les chardonnerets adultes (mâles et femelles) ont deux

______

(1) Bechstein, par exemple, a tenté, mais en vain, de reproduire le chant du rossignol. Voy. *Manuel de l'amateur des oiseaux de volière*, p. 168.

cris d'appel fort différents. Le premier (1) est une sorte de
ti tit, ti tit, ti ti tit, ti tit... (lecteurs, j'onomatope, pardon!)
aigu, sec, rapide, perçant, qu'ils lancent d'ordinaire quand
ils sont perchés et qu'un des leurs vient à passer en l'air
non loin d'eux. Leur second cri d'appel est assez facile à
bien imiter avec les lèvres (2). Ils le font entendre surtout
lorsqu'ils volent ou lorsqu'on les débusque à l'improviste
d'un buisson ou d'une touffe de chardons ; ce cri est d'ailleurs celui qu'ils emploient le plus souvent en automne.
Mais en voilà assez, en voilà trop même sur ce sujet.
Écoutez attentivement des chardonnerets libres, écoutez-
en de captifs, et vous en saurez quatre fois plus qu'en
lisant les lignes qui précèdent.

MŒURS, HABITUDES, NOURRITURE.

Dès la fin du mois d'août, les chardonnerets commencent à se répandre dans la campagne, à faire des excur-
sions, à errer de droite et de gauche. On les voit alors
réunis en petites troupes (le plus souvent par couvées, à
cette époque). Les pères et mères accompagnent parfois
ceux de leurs petits qui proviennent d'une dernière nichée.

Ils fréquentent à ce moment les chènevières. Le chènevis est de toutes les graines celle que les chardonnerets
aiment le mieux. Non-seulement ils l'attaquent et la dévorent quand elle est sur pied, mais encore lorsque les

(1) M. F. Dubois le rend ainsi « *Sticklitt, Pickelnick* ». *Planches coloriées
des oiseaux de la Belgique,* 1854-60. Voy. t. II, p. 129.

Et Nilsson : « *Sticklik* ». Voy. *Skandinavisk Fauna,* t. I, p. 420.

(2) Les oiseleurs imitent exactement ce cri, et les chardonnerets s'y
laissent prendre facilement. Cette supercherie sert surtout à la chasse au
filet.

tiges sont arrachées et réunies en faisceau. Les paysans recouvrent en vain les gerbes de paille et de mauvaises herbes : messieurs les chardonnerets agissent avec tant d'adresse, de ténacité et de finesse qu'ils finissent toujours par écarter l'obstacle, au grand désappointement des malheureux propriétaires qui s'aperçoivent souvent, mais un peu tard, qu'il ne leur reste même plus de quoi ensemencer leur champ à la saison suivante.

Ce n'est que plus tard, vers la mi-septembre, alors qu'il ne reste pas un grain de chènevis à avaler, que les chardonnerets daignent honorer de leur présence les tiges de chardon ; et encore gardez-vous soigneusement de croire que cette plante sauvage les attire beaucoup, tant qu'ils trouvent dans les potagers des semences de salades, de chicorée, etc., ils délaissent le chardon, auquel ils n'ont recours, en résumé, que lorsqu'ils ne trouvent plus autre chose. Telle est l'exacte vérité, et je prétends que la plupart des ornithologistes se sont grossièrement trompés en affirmant (sans s'assurer du fait et sur la foi de leurs devanciers), que les chardonnerets se nourrissent principalement de graines de chardon. Il suffit de vivre à la campagne pour se convaincre du peu de goût qu'a cet oiseau pour le chardon. Au mois d'octobre, les chardonnerets se réunissent en troupes souvent assez nombreuses et dans lesquelles figurent indifféremment jeunes et vieux, mâles et femelles. Rien de plus joli, de plus gracieux, de plus pittoresque que de voir ces petits coquins posés sur un plant de salade ou une touffe de chicorée sauvage ; à quelques pas, on dirait un buisson vivant ; ces oiseaux, se balançant mollement sur les tiges, inclinant tantôt à droite, tantôt à gauche, au gré du vent et des lois de l'équilibre, ressemblent à autant de fleurs éclatantes.

S'approche-t-on un peu trop près, la troupe s'envole

sans effroi et va se poser tout près de là. Il m'est arrivé souvent de leur faire parcourir de la sorte des centaines de mètres sans qu'ils parussent intimidés.

Comme la plupart des oiseaux, les chardonnerets contractent facilement des habitudes. Ainsi, lorsqu'un endroit leur convient, lorsqu'ils y trouvent à portée le manger, le boire, un abri, ils y demeurent souvent fort longtemps et y prennent parfois leurs quartiers d'hiver.

DURÉE DE LA VIE.

L'âge des oiseaux réduits en captivité est fort important à observer, car c'est par lui seul, en effet, que nous pouvons acquérir quelques données approximatives sur le temps que vivent les oiseaux en général.

Selon *Olina* (1), le chardonneret vit de dix à quinze ans, suivant les soins qu'on lui prodigue.

Cardan parle d'un chardonneret qui a vécu treize ans.

M. Gérardin (de Mirecourt) avait un ami qui a conservé un chardonneret pendant vingt ans (2).

Ce dernier chiffre est peut-être un peu exagéré ou tout au moins exceptionnel.

En fixant le terme moyen de la vie du chardonneret à dix ans, je crois qu'on ne serait pas éloigné de la vérité. J'ai connu plusieurs de ces oiseaux qui, en cage, ont atteint cet âge ; je suis donc en droit de conclure qu'à l'état

(1) Viuono da dieci in quindeci anni, secondo la sanità di che sono, e buona cura che se ne tiene. » *Vccelliera overo discorso della natvra et proprietà di diversi Vccelli*, etc. Romæ. 1684, in-4°. Voy. p. 10, à la fin de l'article consacré au chardonneret.

(2) *Tableau élémentaire d'ornithologie*. 1806, 2 vol. in-8°. Voy. t. I, p. 204.

sauvage, ils y parviennent généralement et même le dé-
passent souvent : car, en liberté, les oiseaux se trouvent
dans des conditions d'existence appropriées à leur nature,
à leurs besoins, et qu'il est impossible de leur procurer
artificiellement en captivité.

VOL.

Le chardonneret a le vol léger, un peu fléchissant et
assez rapide ; il ne s'élève jamais bien haut.

Quand il veut descendre soit à terre, soit sur un arbre,
il ne pique pas brusquement une tête, il ne se laisse pas
tomber presque verticalement comme certains oiseaux (1) ;
il s'abaisse graduellement, par étages, en s'y prenant un
peu d'avance. Le chardonneret n'a pas l'habitude de parcourir d'une seule traite de grandes distances, mais je
crois qu'au besoin il pourrait le faire.

En effet, les chardonnerets qui émigrent vers la fin
d'octobre, réunis en troupes, volent rapidement, avec
beaucoup d'ensemble, de vigueur, de résolution, ne paraissent nullement fatigués, et vont ainsi, depuis huit ou
neuf heures du matin jusqu'à onze heures environ, heure
à laquelle, comme la plupart des oiseaux qui voyagent,
ils s'arrêtent pour manger et prendre du repos.

(1) Tels, par exemple, que les alouettes. Les bergeronnettes grises piquent
aussi des têtes presque verticales, mais il est rare que d'une certaine hauteur
elles descendent à terre d'emblée : elles le font en deux ou trois coups d'ailes.
Au coucher du soleil, les moineaux friquets s'abattent parfois avec une grande
rapidité et presque à pic dans les buissons où ils ont l'habitude de passer la
nuit.

MIGRATION.

LE CHARDONNERET DOIT-IL ÊTRE CLASSÉ PARMI LES OISEAUX MIGRATEURS ?

Le chardonneret ne doit pas être classé dans la catégorie des oiseaux véritablement migrateurs, car son émigration n'est pas générale (1) et dépend beaucoup de la température des différents pays qu'il habite, ainsi que de l'abondance des ressources alimentaires qu'il peut y trouver durant la mauvaise saison.

En hiver, il reste fort peu de chardonnerets dans le nord et l'est de la France. Il m'est souvent arrivé de ne pas en voir en Lorraine pendant les hivers très-rigoureux. A plus forte raison cet oiseau doit-il quitter l'Allemagne (2) à la même époque.

J'attribue son départ de ces contrées plutôt à la difficulté qu'il éprouve de se nourrir convenablement qu'à

(1) « Les Chardonnerets ne quittent point nos contrées et y passent l'hiver. » *Essai sur l'histoire naturelle du département des Deux-Sèvres*, par J.-L.-M. Guillemeau. 1806, in-8°. Voy. p. 79.

« Les Chardonnerets sont sédentaires dans notre pays. » *Ornithologie du Gard*, par J. Crespon. 1840, in-8°. Voy. p. 264.

« Les Chardonnerets se rassemblent en automne, vivent pendant l'hiver en bandes très-nombreuses, et fréquentent les endroits où croissent les chardons et la chicorée sauvage. Pendant les grands froids, ils se cachent dans les buissons fourrés. » *Ornithologie Provençale,* par P. Roux. 1825, 3 vol. in-4°. Voy. t. I, p. 161.

« On remarque cet oiseau en Savoie en *toute saison*, mais un peu moins abondamment pendant l'hiver, époque à laquelle plusieurs individus émigrent vers les régions méridionales. » *Ornithologie de la Savoie*, par J.-B. Bailly. Voy. t. III, p. 105.

(2) « Notre Chardonneret est un oiseau à demi passager, c'est-à-dire que, sans être assujetti à des nécessités de migrations rigoureuses, il est susceptible de passer, l'hiver, d'une contrée à l'autre. » *Les Oiseaux chanteurs des bois et des plaines*, par les frères Muller. 1870, in-8°. Voy. p. 170.

la crainte du froid : le chardonneret est rustique, vigoureux, bien emplumé; il ne redoute pas plus la rigueur de la température que le verdier, le bruand, le tarin, le pinson, le bouvreuil, etc.; mais il est gourmand et même gourmet, il ne se contente nullement de la graine de chardon, et il va tranquillement chercher en hiver, dans les contrées méridionales, les diverses graines qu'il trouve chez nous en automne. Il ne fait chez nous que la première partie de son festin, il sait qu'un second service l'attend dans le Midi (1), et il accepte l'invitation avec enthousiasme. Je suis intimement convaincu que messire chardonneret demeurerait tout l'hiver aux environs de Metz (pour ne parler que de la Lorraine), si il avait alors, comme en automne, force graines de salades à dévorer.

Les chardonnerets qui prennent le parti d'émigrer nous quittent généralement vers la fin d'octobre (2), rarement plus tôt. Ils voyagent le matin de huit heures à onze heures environ, réunis en bandes composées *en moyenne* de dix à quarante individus; souvent on en voit des volées bien plus nombreuses, mais c'est l'exception (3).

Les chardonnerets vont (4) quelquefois de compagnie

(1) Il paraît que les chardonnerets qui émigrent vont parfois fort loin, puisque M. G.-E. Shelley nous apprend qu'ils sont communs en hiver dans le Delta d'Égypte et aux environs de Damiette. Voy. *A Handbook to the Birds of Egypt* (London, 1872, in-8º), p. 152.

(2) « Les émigrants passent durant tout le mois d'octobre. » *Des Oiseaux voyageurs et de leurs migrations sur les côtes de la Provence*, par A. Pellicot. Toulon, Laurent, impr., rue Nationale, 49, 1 vol. in-8º, 1872. Voy. p. 90. M. Pellicot ajoute que les chardonnerets commencent à passer dès la fin de septembre. M. Pellicot a dû prendre ici pour des mouvements de passage de simples *déplacements* de chardonnerets de son pays.

(3) Il faut taxer d'exagération Jonsthon quand il nous dit : « Volant gregatim et *ad duo millia quandoque.* » *De Aribus*, p. 68.

(4) Le chardonneret voyage de préférence par les temps clairs, après une gelée blanche, ou lorsque le vent vient du sud-sud-ouest. La direction du vent n'a d'ailleurs qu'une importance insignifiante sur son passage. Il suffit qu'il ne soit pas fort et qu'il ne souffle pas du plein nord.

avec les pinsons, les linots, plus fréquemment avec ces derniers cependant. Cela tient à ce que le vol des linots se rapproche beaucoup de celui des chardonnerets. Ces deux oiseaux volent à peu près de la même façon, avec la même vitesse et, en outre, voyagent aux mêmes heures, tandis que le pinson est plus matinal et vole plus lentement.

Règle générale, les oiseaux de passage ne se mêlent les uns aux autres que lorsque leur vol et leurs allures sont à peu près semblables. C'est ainsi qu'il n'est pas rare (surtout pendant les derniers jours du passage) de voir réunies ensemble des bergeronnettes grises et des bergeronnettes de printemps (1), des alouettes communes et des alouettes pipi (2).

Les chardonnerets qui ont émigré reviennent en mars et avril.

LE CHARDONNERET EST-IL UTILE

OU NUISIBLE A L'AGRICULTURE?

« Si l'on ne capturait pas les chardonnerets par toute espèce de moyens coupables, dit l'abbé Vincelot (3), *ces oiseaux pourraient rendre un véritable service à l'agriculture en s'opposant à la dangereuse propagation des*

(1) Nommées *Petits-Jaunes* (à cause de la couleur de leur ventre) en Lorraine.

(2) *Pipi des prés* (*Anthus pratensis*) des auteurs. — Alouette pipi de Buffon. — Cet oiseau est nommé *basse* ou *petite sinsignotte* dans les environs de Metz.

(3) *Les noms des oiseaux expliqués par leurs mœurs, ou Essais étymologiques sur l'ornithologie*, par l'abbé Vincelot. Paris, Pottier de Lalaine, 115, rue de Provence, et Angers, P. Lachèse. 1872. 2 vol. in-8°. Voy. t. 1er, p. 360.

*chardons, car ces oiseaux en dévorent les graines en
très-grande quantité.* »

Je suis très-étonné, je l'avoue, de voir émettre une telle
assertion par un ornithologiste aussi consciencieux et aussi
distingué que l'abbé Vincelot.

L'abbé Vincelot me paraît ici s'être laissé étourdiment
entraîner par le désir bien légitime (surtout chez un prê-
tre), mais assez peu rationnel chez un savant impartial,
de célébrer les merveilles de la nature, les œuvres de
Dieu, et particulièrement d'assigner un rôle utile à tous les
êtres de la création.

Ces idées téléologiques, cette préoccupation constante
des causes finales, ont faussé, faussent et fausseront longtemps encore le jugement de bien des ornithologistes de
grand talent, au nombre desquels je place à juste titre
l'abbé Vincelot, dont j'ai lu les ouvrages avec tant de
plaisir, tant d'intérêt, mais non, parfois, sans éprouver un
certain sentiment de tristesse en rencontrant des passages
dans le genre de celui que je viens de citer, et d'autres
encore où les préjugés téléologiques (1) les plus étroits
éclatent en affirmations téméraires.

(1) Du reste, l'abbé Vincelot n'est pas le premier écrivain qui ait tenté de
rendre gloire à Dieu au moyen des oiseaux ; nous lui conseillons de lire un
ouvrage, devenu rare aujourd'hui, qui a été publié en 1754, et dont voici le
titre exact : *Ornithotheologiæ pars posterior, quam ex consensu ampliss. Facult.
phil. in Reg. Academ. Aboënsi, præside celeberrimo viro Dn. Petro Kalm,
œconom. profess. Reg. et ordin. nec non reg. Acad. scient. Svec. membro, pro
gradu ad publicum examen defert Andreas Malm, austro-Fenno, etc.,
MDCCLIV. Aboæ, impressit Direct. et typogr. reg. Magn. Duc. Finland. Jacob
Merckell.* 1 vol. in-8º de 36 pages. (Le livre entier est écrit en latin.)

Signalons à l'abbé Vincelot un autre ouvrage plus ancien et plus curieux encore que le précédent : *La Vertu enseignée par les oiseaux*, par le
R. P. Alard, le roy de la compagnie de Iesvs. A Liége, chez Bauduin Bronc-
kart, impr., à l'enseigne de S.-François-Xavier. 1653 1 vol. in-12 de 520 p.
(sans les tables). Le titre du livre est au milieu de la page ; au-dessus, on lit
« Benedicite volucres cœli Domino. » Autour on voit 14 oiseaux assez bien
gravés, parmi lesquels je mentionnerai un corbeau, un paon, un rossignol,
une oie et une... chauve-souris. Afin de donner une idée de l'esprit général

Parmi les oiseaux, il en est qui rendent d'énormes services (1) à l'agriculture, il en est qui ne lui font ni bien ni mal (2), mais il en est beaucoup aussi qui lui font plutôt du mal que du bien (3); or, malgré tout l'intérêt que je porte aux chardonnerets, je suis contraint de les comprendre dans cette dernière catégorie.

Les chardonnerets, même dans les pays où ils sont communs, ne peuvent en aucune façon combattre efficacement la multiplication des chardons. En effet, les chardons pullulent tellement, que l'homme parvient à peine, malgré tous les moyens dont il dispose, à se préserver de l'envahissement de cette plante si vivace, qui, en certaines contrées, constitue un véritable fléau. Comment alors de pauvres oiseaux pourraient-ils faire plus ou autant que l'homme ? Je défie tous les chardonnerets d'*un arrondissement* de limiter ostensiblement la croissance des chardons dans une *seule commune* de cet arrondissement. Je les en défie, en supposant même que durant la majeure partie de l'année ils veuillent bien se contenter de se nourrir uniquement de chardons; mais cette hypothèse elle-même est inadmissible, car ces oiseaux non-seulement ne s'en tien-

de cet ouvrage, il suffit de transcrire le titre de quelques-uns des chapitres. Chapitre I : Dieu a un soin particulier des oiseaux. Chapitre II : Les belles qualités des oiseaux doivent rendre l'homme sage et vertueux. Chapitre III : Blasme de l'homme chrétien qui ne veut tirer aucun profit spirituel des belles qualités des oiseaux. Chapitre V (page 97) : De l'alouette, présentée aux prêtres et aux personnes religieuses qui chantent au chœur. Chapitre VI (page 123): De la chauve-souris, présentée aux luxurieux. La chauve-souris, par son vol du soir, représente le luxurieux adonné aux œuvres des ténèbres... Le reste du livre se compose de rapprochements bizarres entre l'homme et différents oiseaux, tels que le corbeau, la cigogne, la colombe, le milan, le perroquet, la poule, le rossignol, la tourterelle, etc...

(1) Tels sont les mésanges, les grimpereaux, les roitelets, les troglodytes, les traquets, les tariers, les fauvettes, etc., etc.

(2) Tels sont les pics, les sitelles, les pinsons, les merles, les grives, etc.

(3) Tels sont, par exemple, les chardonnerets, les bruants, les verdiers, les moineaux, l'alouette ordinaire (Voy. à ce propos mon *Chasseur d'alouettes*, page 12), les gros-becs, etc.

nent pas à cette nourriture, mais ils ne mangent des graines de chardon que faute de mieux, par caprice, lorsqu'ils
ne veulent pas se déranger, ou bien quand il ne leur reste
plus autre chose, alors qu'ils ne trouvent plus ni graines
de chanvre, ni graines de salades (1), de radis, de navets,
de chicorée cultivée, de scorsonère, etc.

L'abbé Vincelot doit, d'ailleurs, avoir observé tout cela
aussi bien que moi, seulement je crains qu'il n'ait fait trop
bon marché de ses observations, afin de pouvoir assigner
un rôle utile au chardonneret, et de fermer ainsi la bouche
aux personnes qui croient que tout est loin d'être parfait
ici-bas, et que bien des oiseaux et des animaux semblent
vraiment n'avoir aucun rôle sérieusement utile dans la
création.

L'abbé Vincelot connaît certainement la préférence
accordée par le chardonneret aux graines potagères et
oléagineuses; il doit savoir également qu'à la fin de l'été,
dès les premiers jours de septembre, jeunes et vieux chardonnerets se jettent sur les chènevières et ne les aban-
donnent que lorsque la récolte est entièrement rentrée.

(1) De tous les ornithologistes que j'ai cités dans le courant de cet ouvrage, les frères *Muller* sont les seuls qui, avec moi, aient nettement constaté le goût marqué du chardonneret pour toutes les graines potagères et oléagineuses. Voici comment ils s'expriment à ce sujet : « Au rebours de bien d'autres espèces, il trouve largement son compte au progrès de l'agriculture. Au demeurant, c'est un petit hypocrite qui, sur la foi de son nom, jouit d'une réputation de frugalité aujourd'hui fort peu méritée. *La graine de chardons est précisément une des choses dont le chardonneret mange le moins à présent.* En réalité, il n'y a pas d'oiseau qui se nourrisse mieux. Indépendamment du chènevis, son régal ordinaire, il prélève de larges dîmes sur toutes les graines de nos champs et de nos jardins, sur les salades et autres plantes potagères, sur les têtes de pavots, qu'il détache avec beaucoup de dextérité. Il ne daigne que bien rarement s'occuper de la chasse des pucerons, bien qu'il sache fort bien les happer. En définitive, c'est un petit granivore qui consomme beaucoup sans nous rendre de grands services. Dans les contrées où l'on cultive le pavot en grand, il faut monter la garde dans les champs, avec des crécelles et des sonnettes, pour écarter ces pillards effrontés, encore n'y réussit-on guère. » (*Les oiseaux chanteurs des bois et des plaines*, etc. Voyez page 171.)

C'est alors seulement qu'ils commencent à vagabonder, fréquentant bien plus, toutefois, les cultures maraîchères que le bord des routes et des fossés, où croissent principalement les chardons. J'engage vivement l'abbé Vincelot à s'informer du fait auprès des jardiniers des environs de Metz, à savoir auprès des jardiniers de Montigny, du Sablon, de Devant-les-Ponts, de Woippy, de Magny; je l'engage en outre à se renseigner à ce sujet auprès des tendeurs et des ornithologistes les plus distingués de Metz, tels que M. Charles Pêcheur (de Woippy), Clause-Hoffmann, Cadet (de Tignomont), Alfred de Bollemont, Eugène Rolland (de Rémilly), Albert Joly, etc., etc.

Il verra alors si j'exagère; il verra si, dans cette contrée si fertile, les chardonnerets rendent le moindre service à l'agriculture et restreignent notamment la multiplication des chardons! Qu'on n'aille point maintenant s'imaginer que je sois hostile aux chardonnerets, que j'aie envie de leur déclarer la guerre, que je souhaite leur mort, leur extermination : j'adore, au contraire, ces charmants oiseaux, je ne me lasse jamais d'admirer leur plumage éclatant, leurs allures coquettes, leur chant égrillard; je les protége autant que je le peux, et je pousse même la complaisance jusqu'à faire semer pour eux, dans mon jardin, des salades et du chanvre dont je leur abandonne la graine de grand cœur; mais, je le répète, toutes ces attentions ne peuvent m'empêcher de constater et de déclarer (en ornithologiste consciencieux) que, dans mon pays du moins (et j'ai bien peur qu'il n'en soit de même partout), ces gentils oiseaux ne rendent aucun service à l'agriculture (1).

(1) « En été, le chardonneret mangerait, dit-on, des insectes et en nourrirait ses petits; mais le fait est loin d'être démontré. » (Brehm, *Vie des animaux illustrés, Oiseaux*. In-4°. Voy. p. 123.)

J'ai vu souvent, dans différentes localités, des chardonnerets avaler des in-

Ceci dit, je tends la main à l'abbé Vincelot et j'espère qu'il ne me gardera pas rancune de l'avoir réfuté.

LE CHARDONNERET A-T-IL BEAUCOUP D'ENNEMIS ?

Le chardonneret a peu d'ennemis. L'oiseau de proie le dédaigne, car sa chair est coriace, amère, huileuse; de plus, il n'est jamais gras.

Comme il cache son nid avec assez d'habileté, il n'a pas trop à se plaindre des pies-grièches; en outre son nid est ordinairement placé assez haut pour n'avoir pas à craindre la visite des chats domestiques, qui s'attaquent principalement aux nids de fauvettes, de rossignols, de merles, etc.

Restent donc les fouines, les belettes, les putois, animaux qui vont partout, aussi bien à terre que sur les arbres, et sont également redoutés de tous les oiseaux.

MALADIES

AUXQUELLES SONT SUJETS LES CHARDONNERETS.

MANIÈRE DE LES SOIGNER.

Comme tous les êtres animés, les oiseaux sont sujets à de nombreuses maladies, telles que la pépie, le rhume, l'asthme, l'atrophie, la consomption, la constipation, la diarrhée, l'obstruction de la glande adipeuse, l'épilepsie,

---

sectes, des pucerons, des petites larves, *mais seulement en été* et *au moment où ils avaient des petits à nourrir*. J'ai observé que, presque toujours, ces oiseaux se rendaient à leurs nids après avoir amassé leur provision d'insectes: d'où je conclus, avec raison, qu'ils les destinaient uniquement à leurs petits et n'en faisaient point leur nourriture.

la tympanite, le mal aux pattes, aux yeux, les tumeurs, les ulcères, le tournoiement, la fièvre érotique, etc. Cette liste, déjà bien longue, est loin d'être complète cependant. Ajoutons toutefois, pour consoler les âmes sensibles, que la plupart de ces maladies frappent plus fréquemment les oiseaux captifs que ceux qui vivent en liberté; ces derniers, en effet, sont dans le milieu qui leur convient, ils ont surtout (ce qui est si nécessaire aux oiseaux en général) le grand air et l'espace.

Malgré cela, les oiseaux libres sont soumis encore à bien des maladies; seulement, quand ils meurent, personne ne s'en aperçoit; dès qu'ils se sentent atteints, ils se cachent avec tant de soin qu'on a beaucoup de peine à les découvrir: on a remarqué combien il était rare de trouver dans les champs des oiseaux morts ou malades. Il est puéril de soutenir, comme le font certaines gens, que les oiseaux libres sont rarement malades. La maladie est le partage de tous les êtres vivants, elle les atteint tous impitoyablement: admettre une exception en faveur des oiseaux équivaudrait (chose absurde) à admettre une dérogation aux lois physiologiques qui régissent la matière.

Le chardonneret est, du reste, un des oiseaux qui supportent le mieux la captivité. Quand on a soin de le mettre dans une cage suffisamment spacieuse, de renouveler son eau tous les jours, et surtout de varier avec art sa nourriture, en adjoignant de la graine de salade, de navette, de plantain, de chardon, de chicorée, de seneçon, etc., au chènevis, qui est son plat de résistance, on peut alors le conserver bien portant pendant de nombreuses années (1).

C'est le chènevis pris en trop grande quantité qui occasionne au chardonneret la maladie qui le frappe le plus

(1) Voyez plus haut le paragraphe intitulé : Durée de la vie du chardonneret.

souvent, c'est-à-dire l'épilepsie ou mal caduc : cette affection n'est autre chose qu'une sorte d'apoplexie causée par le manque d'exercice et une nourriture trop grasse et trop échauffante.

L'oiseau qui en est atteint tombe de son perchoir et reste étendu à terre le plus souvent sur le dos, en faisant des mouvements convulsifs de la tête, et surtout des pattes.

Voici les soins que Bechstein (1) conseille de donner pour l'épilepsie :

« Plonger l'oiseau à plusieurs reprises dans de l'eau très-froide, en l'y laissant tomber subitement, puis lui couper légèrement les ongles, ou du moins un ou deux ongles, afin qu'il en coule un peu de sang. » Cette opération, qui n'est après tout qu'une saignée en miniature, guérit souvent l'oiseau.

« Je l'ai vu pratiquer avec le plus grand succès de la manière suivante (ajoute le traducteur de Bechstein), mais il faut beaucoup de légèreté et d'adresse, sans quoi on risque d'estropier le malade. On fend superficiellement la petite pelotte du talon de l'oiseau avec une lancette ou un canif bien affilé et l'on plonge aussitôt la patte dans de l'eau tiède; le sang coule comme un fil de soie rouge (du moins si l'opération est bien faite); pour l'arrêter, il suffit de retirer la patte de l'eau; aucun bandage, aucune application n'est nécessaire. » Voy. note de la page 29.

Les chardonnerets sont encore sujets à des vertiges qui proviennent également du genre défectueux de nourriture que je viens de signaler.

(1) Bechstein. *Manuel de l'amateur des oiseaux de volière.* Nouvelle édition. Paris, Goin, 1871. In-12 avec figures dans le texte. (Cet ouvrage est traduit de l'allemand.) M. A. Goin, qui est un homme très-intelligent, a rendu un incontestable service aux amateurs d'oiseaux en publiant une nouvelle édition de cet excellent petit livre.

On les voit aussi parfois plongés dans un état de torpeur et d'engourdissement qui leur fait perdre toute gaieté, et les empêche de boire et de manger; cet état est généralement précurseur de l'asthme (1). Il importe alors de mettre immédiatement le malade à un régime très-rafraîchissant, et de le priver absolument de chènevis.

Quand un chardonneret a les chairs qui entourent les yeux rouges ou gonflées, on doit frictionner les parties malades avec de l'huile d'olive, ou simplement avec un peu de beurre frais (2).

Sur la fin de leur vie, les chardonnerets deviennent souvent aveugles. C'est là une maladie de vieillesse contre laquelle il n'y a guère malheureusement d'autre remède que la résignation, vertu plus commune d'ailleurs chez les oiseaux que chez les hommes.

(1) Cette maladie est excessivement fréquente chez les oiseaux de volière. Ceux qui en sont attaqués ont la respiration courte, haletante, saccadée; ils ouvrent le bec à tout instant, en même temps, on voit leur poitrine et leur ventre battre à coups redoublés. C'est toujours à une nourriture trop grasse et irritante (au chènevis principalement) qu'il faut attribuer l'origine de cette maladie; quelquefois aussi elle résulte de la privation de l'air pur, ou d'un refroidissement subit, ce qui arrive quand, par exemple, en hiver, on transporte sans transition l'oiseau d'une chambre chauffée dans une pièce froide ou à la fenêtre, pour nettoyer sa cage ou renouveler son boire et son manger. L'asthme véritable se guérit rarement; on doit surtout s'efforcer de le prévenir.

(2) On a peu écrit sur les maladies des oiseaux. Un des meilleurs ouvrages sur cette matière est celui du docteur Luigi Bossi, dont voici le titre : *Trattato delle malattie degli uccelli e dei diversi metodi di curarle si aggiungono alcune altre ricerche utili e curiose di ornithologia*. Milano, 1822. 1 vol. in-8°. On trouve dans cet ouvrage des chapitres sur l'asthme, la diarrhée, l'aphthe, la pépie, la goutte, la constipation, l'épilepsie, et même sur la manière de remédier aux fractures des pattes (page 33).

Voyez aussi l'ouvrage de M. Florent-Prévost sur les *Oiseaux de volière*. Paris, chez Savy, éditeur, rue Hautefeuille. Je recommande également aux ornithologistes de lire le petit article que MM. Florent-Prévost et Ch. Lemaire ont consacré au chardonneret dans leur *Histoire naturelle des oiseaux d'Europe* (1 vol. in-8°. 1864. Savy, éditeur).

LE CHARDONNERET EN CAPTIVITÉ.

LES CHARDONNERETS SAVANTS.

Cet oiseau supporte facilement la captivité, soit qu'on l'ait enlevé tout jeune du nid, soit qu'on l'ait pris au filet quand il est adulte.

Il est doux, familier, caressant, très-gai; il chante durant presque toute l'année, sans se soucier de la belle ou de la mauvaise saison.

Sa docilité et son intelligence permettent de lui apprendre à exécuter une multitude de petits tours d'adresse très-amusants.

Ainsi, on peut apprendre à un chardonneret à faire partir un petit canon ou un pétard au moyen d'une mèche allumée qu'il tient dans son bec.

On le dresse aussi à monter sur une échelle minuscule et à en descendre, à se balancer par les pattes ou le bec à un petit trapèze, ce qu'il exécute avec beaucoup d'habileté et de grâce.

Nous avons même vu un chardonneret tirer des cartes dans un jeu, en ayant soin de toujours les retourner du bon côté; il faisait ainsi une sorte de partie tantôt avec son maître, tantôt avec un oiseau dressé comme lui.

Le chardonneret s'habitue également à vivre sur une galère au lieu d'être renfermé dans une cage.

La galère est une espèce de perchoir garni d'un anneau mobile qui court d'un bout à l'autre, et auquel est fixé une petite chaînette très-légère; cette chaînette sert à attacher l'oiseau revêtu d'un corselet.

Le corselet est un petit appareil formé de quatre minces lanières de peau (1) cousues ensemble à chaque extrémité, et que l'on passe d'une certaine façon sous les ailes et entre les pattes de l'oiseau, qui conserve ainsi la liberté absolue de ses mouvements.

A la partie inférieure du corselet qui se trouve sous le ventre est fixé un anneau qui sert à attacher le prisonnier à la chaînette de la galère (2).

Ainsi attaché, l'oiseau va et vient sur son perchoir, mais ne peut s'envoler.

Au lieu de mettre son eau et sa nourriture à sa portée immédiate, on les met dans deux petits seaux pendus à une chaînette rivée au perchoir, et l'oiseau, pressé par le besoin, apprend bien vite à monter et à descendre adroitement ses deux seaux (3) en s'aidant de son bec et de ses pattes.

Il est bon d'ajouter que les sujets les plus intelligents sont seuls susceptibles de recevoir une telle éducation. C'est au dresseur qu'il appartient de discerner les aptitudes de ses élèves et d'en tirer le meilleur parti.

Quoique je connaisse la plupart des moyens qu'on emploie pour dresser de la sorte les oiseaux, je me garderai bien de les dévoiler, de peur de nuire aux oiseleurs, qui font de cette spécialité leur principal gagne-pain.

Toutefois, je tiens à signaler particulièrement parmi les

---

(1) Il faut choisir pour confectionner les corselets de la peau très-fine et très-souple, comme celle des vieux gants, par exemple. Je m'abstiens de donner ici une description complète et détaillée du corselet, attendu que tous les oiseleurs et les tendeurs connaissent cet appareil et s'en servent constamment.

(2) On fabrique des galères chez tous les bons marchands de cages de Paris.

(3) Dans certaines galères les seaux sont remplacés par un petit chariot qui roule sur un plan légèrement incliné et que l'oiseau tire à lui comme les seaux.

dresseurs d'oiseaux de *Paris* un homme dont le talent est extrême, M. *Jean Bouisson, demeurant n° 9, rue de Rambouillet*.

Ce dresseur possède un assortiment varié d'oiseaux savants, tels que chardonnerets, tarins, pinsons, linots, serins. Il se déplace avec sa petite ménagerie et donne des représentations à domicile.

Je mentionnerai encore parmi les célébrités de cet ordre Mme Van der Mersch, surnommée *la fée aux oiseaux*, dont les représentations ont longtemps charmé tout Paris. Cette dame, toutefois, a fait ses adieux à la capitale au commencement de cet été.

CHARDONNERETS MÉTIS.

On apparie sans trop de peine, et souvent avec succès, le chardonneret et la serine. Les oiseaux qui résultent de ce croisement sont généralement doués d'un joli plumage et chantent bien.

Ce qu'il y a de singulier, c'est que (comme le fait justement observer le Dr Chenu [1]), « le chardonneret mâle se détermine beaucoup plus difficilement à s'apparier efficacement dans une volière avec sa femelle propre qu'avec une femelle étrangère. »

Les chardonnerets métis, très-recherchés des amateurs d'oiseaux, ne sont pas rares ; néanmoins les sujets véritablement beaux ne se trouvent pas toujours facilement et atteignent parfois à des prix élevés, tels que 30, 40, 50 et 60 francs même.

(1) *Encyclopédie d'histoire naturelle*, par le Dr Chenu et O. Des Murs. In-4°, 5e partie (Oiseaux), p. 301.

J'ai vu dernièrement chez M. Laurent, oiselier à Paris, 11, quai de Gesvre, un superbe métis issu d'un chardonneret mâle et d'une serine.

Il a le ventre et la tête d'un jaune pâle à reflets métalliques, ses ailes sont parsemées de larges taches vertes, très-régulières, et tout le reste de son corps (y compris la queue) est encore jaune pâle; son bec est un peu plus large à la base et moins effilé que celui du chardonneret.

Je dois ajouter maintenant que le marchand d'oiseaux chez qui j'ai vu la plus belle collection de métis est M. Boussard, 21, place de la Madeleine (Paris).

Cet oiselier connaît à merveille tous les moyens qu'il faut employer (1) pour apparier les oiseaux et obtenir de beaux produits.

Il parvient même à apparier le chardonneret femelle avec le mâle canari (chose bien difficile, paraît-il); mais aussi les sujets qui naissent de ces unions sont beaucoup plus beaux, plus vigoureux, mieux doués sous tous les rapports que ceux qui résultent du croisement du chardonneret mâle avec la serine.

Toutefois une chose plus difficile encore, c'est de réussir à apparier le chardonneret mâle avec la femelle du linot. Ce croisement, auquel les oiseliers de Paris ont presque tous renoncé, a été fréquemment obtenu par un ornithologiste distingué de la Meurthe, M. Clarté jeune, employé supérieur à la cristallerie de Baccarat. Les métis issus de ce croisement sont magnifiques; ils ont généralement le bec, les ailes et la tête du chardonneret; leur poitrine, au contraire, est parsemée de taches analogues

---

(1) Je m'abstiendrai de les indiquer, car cela sortirait du cadre de cette monographie. Les amateurs n'ont qu'à consulter M. Boussard; il est très-complaisant et toujours prêt à rendre service.

à celles du linot mâle. M. Clarté possède actuellement dans sa belle collection d'oiseaux empaillés deux remarquables spécimens de ces métis.

CHASSE.

On prend ordinairement les chardonnerets à la glu et au filet.

Voici comment se pratique la tendue aux gluaux :

Vous posez des gluaux sur les touffes de chardon ou sur les salades en graines que les chardonnerets fréquentent habituellement en automne ; vous demeurez en observation à une trentaine de pas de là ; les oiseaux arrivent, s'empêtrent dans les gluaux en se posant, font la culbute, et alors il ne vous reste plus qu'à aller les ramasser.

Deuxième manière :

Vous réunissez en un faisceau soit des chardons, soit des salades montées en graine, soit des tiges de chanvre, et vous les garnissez soigneusement de gluaux ; puis en bas du faisceau vous posez un cageon renfermant deux ou trois appelants. De cette façon, vous avez chance de prendre non-seulement les chardonnerets qui fréquentent habituellement l'endroit où vous tendez, mais encore ceux qui passent en l'air et qui descendent alors sur votre faisceau (ou à côté!!) en entendant le cri de rappel des appelants.

On peut tendre aussi dans les chènevières. Il est bon, en pareille circonstance, de placer les gluaux sur les plus gros épis de chanvre, qui se trouvent généralement sur

les bords du champ; ce sont ceux-là auxquels les chardonnerets s'attaquent de préférence.

Cette chasse toutefois présente de nombreux inconvé-
nients. Elle n'est pas toujours fructueuse, d'abord parce
que souvent les oiseaux se défient des gluaux et hésitent à
se poser; ensuite parce que, quand un ou plusieurs chardonnerets sont pris, les mouvements saccadés qu'ils font
instinctivement pour se dépêtrer effarouchent les autres,
qui s'enfuient et ne reviennent pas toujours une seconde
fois dans la même journée.

En outre, il est souvent difficile de débarbouiller complétement les oiseaux englués, et lorsqu'il leur reste des
plumes collées ensemble ou sur la peau, ils meurent ou
tombent malades.

TENDUE AU FILET FIXE A DEUX PANS.

Le filet à deux pans est sans contredit le piége qui
convient le mieux pour prendre les chardonnerets.

Un filet de dix à douze pas de longueur suffit am-
plement.

Au milieu, entre les deux nappes, il faut dresser un
buisson composé de chanvre en grain, de salades montées en graines (de chardons, à défaut d'autre chose), mais
rejeter la chicorée sauvage qui déchire la maille lorsqu'on
relève les pans.

Sur le bord du filet on place les cages où sont les appelants, en ayant soin de les dissimuler au moyen d'une
poignée d'herbe.

Enfin, on attache à la vergette (1) un chardonneret

(1) Ce petit instrument est nommé *sambéyère*, dans le département de

revêtu d'un corselet), que l'on fait voltiger afin de décider à se poser dans le filet les chardonnerets qui passent et sont déjà attirés par le cri des appelants.

Pour bien réussir à cette chasse il est bon de placer son filet dans les cultures maraîchères, que les chardonnerets (je l'ai déjà dit précédemment) fréquentent constamment durant l'automne (1).

Ce genre de chasse est très-usité aux environs de Metz, et plusieurs jardiniers-maraîchers du Sablon, de Magny, de Montigny, etc., en tirent un joli petit revenu; ils tendent dans leur jardin, ce qui ne leur donne pas beaucoup de mal, et surtout ne leur fait point perdre trop de temps.

Vaucluse. On le fait mouvoir au moyen d'une petite ficelle qui aboutit au trou où s'assied le tendeur. Voy., pour plus de détails, *Le Chasseur aux filets* d'E. Blaze, 1839, in-8°.

(1) C'est seulement pendant l'automne que cette chasse se pratique avec succès.

FIN.

TABLE DES MATIÈRES.

DU MÊME AUTEUR :

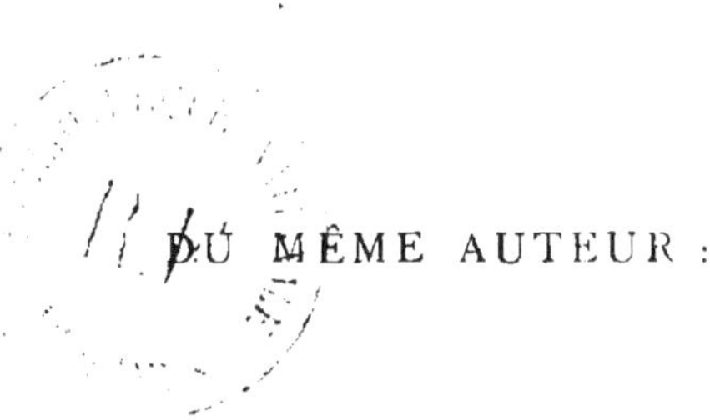

LE CHASSEUR D'ALOUETTES AU MIROIR ET AU FUSIL. Paris, A. Goin, éditeur, 62, rue des Écoles. 1 vol. in-18, orné de gravures. 1 fr. 50.

> Cet ouvrage fait partie de l'*Encyclopédie illustrée du Sportsman*.

Pour paraître prochainement :

BIBLIOGRAPHIE CYNÉGÉTIQUE, ou Nomenclature par ordre alphabétique de noms d'auteurs de tous les ouvrages publiés sur la chasse, en latin et en français, depuis l'antiquité jusqu'à nos jours, avec préface, notes explicatives et bibliographiques. 1 vol. in-8°.

MONOGRAPHIE DU CINI. Brochure in-8°.

En préparation :

EXPOSÉ CRITIQUE DES ERREURS, CONTRADICTIONS, INEXACTITUDES, OMISSIONS, etc., etc., contenues dans l'*Histoire naturelle des Oiseaux* de Buffon. 1 vol. in-8°.

> Cet ouvrage ne concernera que les petits oiseaux de France, autrement dit les oiseaux compris vulgairement dans l'ordre des Passereaux.

PARIS

IMPRIMERIE JOUAUST

RUE SAINT-HONORÉ, 338

ENCYCLOPÉDIE ILLUSTRÉE DU SPORTSMAN

1762 — Paris, imprimerie Jouaust, rue Saint-Honoré, 338.